工程训练实训指导书

主 编 金慧萍 张冬冬
副主编 范丹丹 陆建戎

东南大学出版社
SOUTHEAST UNIVERSITY PRESS
·南京·

图书在版编目(CIP)数据

工程训练实训指导书/金慧萍,张冬冬主编. 南京:东南大学出版社,2025.1. -- ISBN 978-7-5766-1944-7

Ⅰ.TH16

中国国家版本馆 CIP 数据核字第 2025L5T168 号

责任编辑:夏莉莉　　责任校对:周　菊
封面设计:顾晓阳　　责任印制:周荣虎

工程训练实训指导书

Gongcheng Xunlian Shixun Zhidaoshu

主　　编	金慧萍　张冬冬
出版发行	东南大学出版社
出 版 人	白云飞
社　　址	南京市四牌楼 2 号(邮编:210096)
经　　销	全国各地新华书店
印　　刷	南京玉河印刷厂
开　　本	787 mm×1092 mm　1/32
印　　张	3.75
字　　数	71 千字
版　　次	2025 年 1 月第 1 版
印　　次	2025 年 1 月第 1 次印刷
书　　号	ISBN 978-7-5766-1944-7
定　　价	20.00 元

本社图书若有印装质量问题,请直接与营销部联系,电话:025-83791830。

前　言

工程训练是一门实施工程知识传授、工程意识培养和工程素质提升的重要实践类课程。学生通过该课程的学习，可以较完整地了解机械制造技术相关的基础知识，并可通过课程提供的实践操作环境，在学习基本工艺知识的同时，增强工程实践能力，培养创新精神和能力。

本书围绕工程训练课程的教学目标，结合课程教学大纲，根据《工程训练》教材内容的基本要求编写，与《工程训练》教材配套使用。本书包括：铸造、焊接、车削加工、铣削加工、刨削加工、磨削加工、钳工、装配、数控加工、特种加工、快速成型等内容。

本书编写过程中力求做到重点突出、语言精练。本着加强基础、重视实践、循序渐进的原则，优化传统制造技术内容，适当增加先进制造技术内容，在引导学生掌握知识技能的同时，注重理论联系实际，学以致用。题型上包括填空题、选择题、判断题以及简答题等，保证题目的多样性，题目选取上尽量做到具有代表性。在编排上,结合教材章节的顺序,按各工种实习要求安排指导书各章节,帮助学生巩固所学知识。在使用本指导书时,根据不同专业实习的工种及特点作适当删减,其中带★号的作业题为机械类及近机类学生必做题,未标★号的为各专业学生必做题。

本书由金慧萍、张冬冬主编,范丹丹、陆建戎副主编,参与编写的人员分工如下:薛子杰编写实训一与实训二,陆建戎、范丹丹编写实训三,张冬冬编写实训四与实训五,周丽编写实训六与实训十,金慧萍编写实训七、八、九及十一。

由于编者的知识水平和实践经验有限,书中难免有错误和不妥之处,敬请读者和各校教师同仁批评指正。

全体编者
2024 年 10 月

目 录

工程训练守则 ·· 1

学生安全守则 ·· 3

第一篇　传统制造技术

实训一　铸造实训 ·· 6
实训二　焊接实训 ·· 14
实训三　普通机床实训 ····································· 23
　　3.1　车削实训 ··· 23
　　3.2　铣削实训 ··· 31
　　3.3　刨削实训 ··· 36
　　3.4　磨削实训 ··· 42
实训四　钳工实训 ·· 47
实训五　装配实训 ·· 55

第二篇　先进制造技术

实训六　数控车床实训 ················ 64

实训七　数控铣床实训 ················ 73

★实训八　加工中心实训 ················ 80

实训九　特种加工实训 ················ 88

★实训十　3D 打印实训 ················ 96

★实训十一　激光加工实训 ················ 105

参考文献 ················ 112

工程训练守则

充分认识工程训练的重要性，凡参加实训的学生，必须遵守以下守则。

1. 实训前必须进行相关安全教育和必要的安全知识考核，严格遵守纪律，尊重教师并听从教师的指导。

2. 严格遵守作息制度，至少提前 10 分钟到达规定的车间及实训工位，不得迟到、早退、旷课，有事必须请假，严格遵守有关考勤制度。

3. 学生必须按各专业教学计划参加工程实训，并按实训大纲、实训计划的要求，完成工程实训任务。

4. 每个工种实训前须预习实训相关内容，认真学习实训指导书，明确实训目的、要求、方法和步骤，做好实训前的准备工作；实训过程中集中精力，认真听讲，严格按要求进行操作，完成实训作品零件和实训指导书。

5. 必须按规定着装，操作前必须穿好工作服及防护用品，女同学须戴防护帽，不准穿裙子、高跟鞋、凉鞋，不得戴美甲，男同学不准穿短裤、背心、凉鞋、拖鞋上岗操作，违反规定者禁止参加实训。

6. 实训应在指定地点进行,实训期间不得脱岗、串岗,不得在实训区域追逐、打闹、喧哗、聊天,不得做与实训无关的事,做到文明实训。

7. 严格遵守安全制度和实训操作规范,所用机器、设备、工具、夹具等未充分了解其性能及使用方法前,不得违章草率地进行操作。

8. 爱护公共财物,维护保养好机器设备和工、夹、量具等,用过的设备和工、夹、量具等要摆放整齐,丢失及非正常损失的物品要按有关规定赔偿。

9. 不准攀登厂区起重机、墙梯和其他装置;不准在起重机吊物运行路线上行走和停留。

10. 若发生事故,必须立即向教师和主管部门报告,查明原因,及时做好处理。

11. 实训结束后及时清扫场地,保持实训场地环境清洁卫生,保养好机床、设备。

12. 实习学生因故不能在规定时间参加工程训练的,必须执行工程培训中心请假制度,办理相关请假手续。

13. 学生除遵守本守则外,还应遵守实训场所内其他相应安全操作规程。

学生安全守则

1. 学生进入车间实训前,必须接受工程训练中心三级安全教育,即入厂安全教育、车间安全教育和机床安全教育。没有接受安全教育的学生不准参加实训。

2. 实训全过程都必须在实训指导教师的指导下进行,未经实训指导教师允许,不准动用任何设备。否则,由此导致的设备和人身事故的责任,由该生自行承担。

3. 实训学生必须认真学习、掌握和执行各工种安全技术操作规程及安全防火规章制度。

4. 操作机床设备前,必须了解其构造、工作原理、使用方法,只有经指导教师同意后,才能进行操作。

5. 在机床上操作时,机床没有完全停止前不得用手去触摸旋转的工件和刀具,不能清理切屑,也不能测量工件,更不得擦拭工件。

6. 清除切屑时不得用手抓和嘴吹切屑,要用毛刷或钩子清理。

7. 工件装夹要牢靠,以防工件飞出伤人。装卸工件时手要远离刀具。

8. 不得两人同时操作一台机床,只允许一人操作,其他同学观看。

9. 操作或观看时要站在实训指导教师指定的安全位置,不要站在机床运动方向或切屑流出的方向。必须保持正确、规范的操作姿势。

10. 实训期间坚守实训岗位,不得随意动用他人的仪器设备及工具(刀具、量具)。操作中发现不正常现象,应立即停止工作,关闭电源,检查原因,及时报告。

11. 学生操作时不能离开机床,离开机床必须停车。落实安全责任制,做到"谁主管谁负责""谁使用谁负责"。

12. 实训过程中要一切行动听指挥,要讲文明、讲礼貌,要尊敬实训指导教师、爱护公物。各类实训工具和材料未经允许不准带离实训场所。

13. 实训场所做到秩序井然,严禁在实训场所打闹、喧哗、跑动,严禁聚集闲谈。进入实训场所不准吸烟。

14. 实训学生必须遵守规定的作息时间,经实训指导教师允许后方可启动机床;结束时将机床和场地清理干净,经实训指导教师允许后方可下课。

第一篇

传统制造技术

实训一　铸造实训

【实训目的与要求】

1. 认识铸造是制造零件毛坯成型的一种工艺方法。
2. 了解铸造的基本知识、生产工艺过程及其特点。
3. 知道各种造型方法,包括整模、分模、挖砂、活块等造型的操作步骤。
4. 概述常用特种铸造方法的工艺特点和适应范围。
5. 要求学生能正确使用手工造型的各种工具。
6. 要求学生能够独立完成砂型铸造的手工造型。

【实训设备、工具和材料】

序号	设备、工具和材料	序号	设备、工具和材料
1	砂箱和底板	7	通气针
2	砂锤	8	起模针
3	刮板	9	小锤
4	刮刀	10	浇口棒

续表

序号	设备、工具和材料	序号	设备、工具和材料
5	砂钩	11	型砂和芯砂
6	秋叶	12	模型

【重点和难点】

重点：

1. 砂型铸造生产的工艺过程、特点和应用。结合实训车间的生产实物，了解铸造的含义、特点、应用、工艺过程，型砂应具备的特点、组成、应用及模样、铸件与零件间的差别。

2. 掌握手工整模、分模、活块等造型的生产工艺过程、特点和应用。

3. 型芯的作用与制造方法。

4. 分清零件、模样和铸件之间的主要区别。

5. 浇注系统的组成、分类与作用。

6. 铸件常见的缺陷及其产生的主要原因。

难点：

1. 造型工艺方法的选择。

2. 浇注系统的确立。

3. 零件、模样和铸件形状及尺寸之间的区别。

4. 铸件质量的控制。

【实训报告】

一、填空题

1. 铸造是机器零件、毛坯采用_____的一种制造方法。
2. 通常把铸造方法分为_____和_____两类。
3. 铸造中的关键部分,也就是制造容纳合金液体的型腔的工序,称为_____。
4. 型砂、芯砂应满足_____、_____、耐火性高、_____、退让性高的性能。
5. 手工造型方法按模型特征分为_____、分模造型和_____等。
6. 砂型的浇铸系统由_____、_____、横浇道和内浇道构成。
7. 熔炼金属是为了获得具有_____ _____的液态金属。
★8. 表示铸造工艺内容的图形中应表示出铸件的浇铸位置、分型面、_____ _____。
★9. 压力铸造常用的压力为_____,最高达到_____,充型速度为_____,充型时间仅 0.1~0.5 s。

二、选择题
1. 砂型铸造和特种铸造相比较,其优点不包括(　　)。
   A. 不受零件形状、大小、复杂程度及合金种类的限制
   B. 造型材料来源较广
   C. 生产周期长
   D. 成本低
2. 铸造中,砂型的主要组成是(　　)。
   A. 原砂和黏结剂　　B. 矿物粉末和黏结剂
   C. 金属粉末和黏结剂　D. 液态金属和黏结剂
3. 铸造工艺中,砂型的选择应根据铸造(　　)来确定。
   A. 金属的材料　　　B. 砂型的成本
   C. 铸件的形状和尺寸　D. 砂型的硬度和强度要求
4. 手工造型前应准备合适的造型工具,砂箱大小和模样的大小要适中。通常,模样与砂箱内壁及顶部之间须留有(　　)mm 的距离,此距离称为吃砂量。
   A. 10~20　　　　　B. 20~50
   C. 60~100　　　　D. 30~100
5. 手工造型方法中,比较适用于套类、管类、曲轴、立柱、阀体和箱体等零件的方法是(　　)。
   A. 整模造型　　　　B. 分模造型
   C. 挖砂造型　　　　D. 活块造型
6. 铝合金的熔炼一般采用(　　)。
   A. 冲天炉　　　　　B. 电弧炉
   C. 坩埚电阻炉　　　D. 油炉

7. 铸造中,浇注是指(　　)。
   A. 铸件形状的设计
   B. 铸件材料的选择
   C. 将熔化的金属或者合金倒入砂型中
   D. 熔化金属加热到一定温度
8. 铸造中,常见的缺陷有(　　)。
   A. 表面光洁度较差、尺寸偏差较大等
   B. 强度不够、韧性较低等
   C. 砂眼、气孔、裂纹等
   D. 形状不规则、尺寸较大等
★9. 熔模铸造的优点不包括(　　)。
   A. 无分面型   B. 生产周期较短
   C. 蜡模尺寸精确   D. 表面光洁
★10. 分型面应选在(　　)。
   A. 受力面的上面   B. 加工面上
   C. 铸件的最大截面处   D. 工件顶部

三、判断题

1. 砂型一般由上砂型、下砂型、型腔、芯砂、浇注系统等部分组成。　　　　　　　　　　　　　　(　　)
2. 合箱是造型的最后一步,对砂型的质量起着重要的作用。　　　　　　　　　　　　　　　　　(　　)
3. 大型铸件单件生产时,可采用刮板造型。　(　　)
4. 舂砂时必须分次加入型砂。　　　　　　　(　　)
5. 当铸件最大截面不在端部,模样又不方便分为两半

时,常将模样做成整体,造型时挖出阻碍起模的型砂,这种造型方法称为整模造型。　　　（　　）

6. 一旦发现铸件有缺陷,此件必然是废品,为保证产品质量,检验时对这类铸件必须剔除。　　（　　）

★7. 金属熔炼浇注时,金属液在浇包中应尽量填满,保证铸件形状完整。　　　　　　　　　　（　　）

★8. 金属型铸造周期长、成本高,铸件的壁厚和形状有所限制,目前多用于有色金属的大量生产。（　　）

★9. 铸造不适用于制造高精度要求的零件。　（　　）

★10. 熔模铸造既可用于小批量生产,也可用于大批量生产。　　　　　　　　　　　　　　（　　）

四、简答题

1. 在表 1-1 中填写图 1-1 中各手工造型工具的名称。

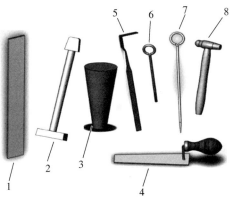

图 1-1　手工造型工具

表 1-1 手工造型工具名称

序号	名称	序号	名称
1		5	
2		6	
3		7	
4		8	

2. 简述砂型铸造工艺设计中分型面的选择原则。

★3. 改善砂型透气性的方法有哪些?(从配砂、造型、浇注等方面考虑。)

★4. 根据图 1-2 所示的联轴节铸件,绘制一张包含型腔、型芯等各组成要素的铸造装配图,并在装配图中标示各元素与结构名称。

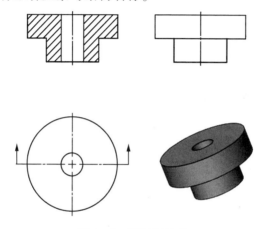

图 1-2 联轴节铸件

实训二　焊接实训

【实训目的与要求】

1. 了解手工电弧焊设备、工具的名称和用途,并能够正确、安全地进行操作。

2. 掌握基本的焊接工艺与操作技术。

3. 了解电弧焊机的种类和主要技术参数,了解焊接接头形式、坡口形式及不同空间位置的焊接特点。

4. 熟悉焊接工艺参数及其对焊接质量的影响,了解常见的焊接缺陷和典型的焊接接口。

5. 让学生掌握焊接技巧,熟悉交流电弧焊机的使用。

6. 了解其他常用焊接方法的特点和应用。

【实训设备、工具和材料】

序号	设备、工具和材料	序号	设备、工具和材料
1	焊钳	6	敲渣锤
2	焊接电缆	7	钢丝刷
3	面罩	8	焊条保温筒
4	4~5 mm 厚钢板	9	VR 模拟焊接机

续表

序号	设备、工具和材料	序号	设备、工具和材料
5	焊条		

【重点和难点】

重点：

1．熟悉焊接过程和焊接冶金过程，认识熔池形状，分清熔池和熔渣。

2．掌握焊接的含义、特点、应用，焊条的组成与作用。

3．了解焊条电弧焊常用交、直流电弧焊机构造及电流调节方法。

4．熟悉常用焊条电弧焊的操作及其应用，初步掌握常见的焊接缺陷特征及产生原因。

5．通过VR焊接设备初步掌握手工电弧焊的操作方法。

难点：

1．掌握手工电焊的引弧、运条、收尾操作，尤其运条中三度（电弧长度、焊条角度、移动速度）的操作。

2．掌握焊接规范的选定，尤其是对焊条直径、焊接电流、焊接速度、坡口形式、接头形式和焊缝空间位置的确定。

3．掌握常见焊件预防焊接变形的方法，以及焊接变形的校正原则。

4．通过熟悉焊接工艺过程，能自主分析焊件的结构工艺性。

【实训报告】

一、填空题

1. 焊接是通过_____或加压,或两者并用,并且需要用_____,使焊件达到原子结合的一种加工方式。

2. 按照焊接过程中金属所处的状态不同,可以把焊接方法分为_____、_____和钎焊三类。

3. 焊条是电弧焊的焊接材料,由_____和_____组成。

4. 焊条电弧焊焊接形式按空间位置分布有四种:_____、_____、_____及仰焊。

5. 电弧具有两个特性,即它能放出强烈的_____和大量的_____。

6. 焊接接头的基本形式可分为:_____、_____、_____和_____。

7. 气焊所用的气体包含_____和_____。

★8. 气焊时经焊炬调整氧气和乙炔的比例,可获得三种性质不同的火焰,即_____、_____和_____。

★9. 焊条电弧焊的焊接参数有_____、_____、_____、焊接电弧、电压及线能量等。

★10. 氩弧焊目前主要用于焊接易于氧化的 _____ _____（铝、镁、钛及其合金）高强度合金钢及 _____（不锈钢、耐热钢）等。

二、选择题

1. 焊接是一种实现材料（　　）的连接方法。
   A. 永久性连接
   B. 非永久性连接
   C. 可能永久也可能不永久连接
   D. 短暂连接

2. 熔化焊是在焊接过程中，将焊件接头加热至（　　）状态而完成的焊接方式。
   A. 未熔化　　　　　B. 塑性
   C. 熔化　　　　　　D. 固态

3. 焊条是由（　　）和药皮组成的。
   A. 焊芯　　　　　　B. 焊丝
   C. 钨极　　　　　　D. 焊渣

4. 最常见的引弧方法有两种：敲击法和（　　）。
   A. 高压引弧法　　　B. 脉冲引弧法
   C. 划擦法　　　　　D. 不接触引弧法

5. 在四种手工电弧焊焊接形式中，（　　）生产效率高，操作易于掌握，是最常用的焊接形式。
   A. 立焊　　　　　　B. 平焊
   C. 仰焊　　　　　　D. 横焊

6. 钨极氩弧焊的特点不包括(　　)。
   A. 焊接成本高
   B. 电弧稳定
   C. 保护效果不好
   D. 效率较低
7. 工业上多采用(　　)钢瓶贮运乙炔。
   A. 深蓝色　　　　　　B. 白色
   C. 红色　　　　　　　D. 绿色
★8. 碳化焰可焊接的材料是(　　)。
   A. 黄铜
   B. 高碳钢、高速钢、硬质合金等材料
   C. 非金属材料
   D. 青铜
★9. 气焊低碳钢、中碳钢、不锈钢及有色金属材料时一般采用(　　)。
   A. 氧化焰
   B. 中性焰
   C. 碳化焰
   D. 三种火焰均可
★10. 适合不锈钢工件的焊接方法为(　　)。
   A. 氩弧焊　　　　　　B. 气焊
   C. 锻焊　　　　　　　D. 钎焊

三、判断题

1. 焊条焊接时,焊芯的化学成分,不会影响焊缝的质量。（　　）
2. 焊条就是涂有药皮的供焊条电弧焊使用的熔化电极。（　　）
3. 对接接头的焊接位置可分为平焊、立焊、仰焊和横焊。（　　）
4. 直流弧焊机正接时工件接正极,焊条接负极。（　　）
5. 手工电弧焊操作时不管钢板厚度是多少,采用的电流越大越好。（　　）
6. 王同学在焊接操作过程中,无意间将钢板从工作台掉落至地面,他立刻用手将钢板从地面捡起放回工作台台面。（　　）
7. 手工电弧焊是属于熔焊的一种加工方法。（　　）
★8. 金属材料铝合金可以采用气割方法进行加工。（　　）
★9. 氧化焰中氧气和乙炔混合的比例大于1.2,一般不宜采用,只在焊接黄铜和镀锌铁板时才会使用。（　　）
★10. 激光焊可用于同种金属或异种金属间的焊接。（　　）

四、简答题

1. 在表2-1中写出手工电弧焊工作系统图（图2-1）上各数字代表的名称。

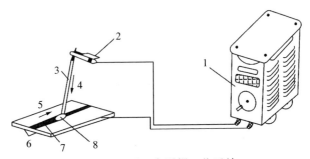

图 2-1　手工电弧焊工作系统

表 2-1　手工电弧焊各部分名称

序号	名称	序号	名称
1		5	
2		6	
3		7	
4		8	

2. 简述酸性焊条与碱性焊条在性能上的区别。

3. 在表 2-2 中填写氧-乙炔焰中常见的三种火焰名称及其特征。

表 2-2 氧-乙炔焰中常见的三种火焰

火焰外观	名称	氧气与乙炔混合比	火焰性质	应用范围
焰心 内焰 外焰				

★4. 简述焊接接头的质量检验方法。

★5. 从焊接电流、焊接速度、焊缝形状等方面,分析图 2-2 中五条焊缝的焊接质量。

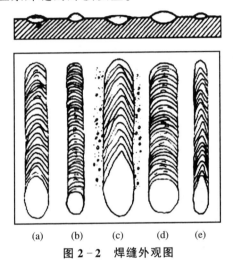

图 2-2 焊缝外观图

实训三 普通机床实训

3.1 车削实训

【实训目的与要求】

1. 熟悉车床的型号、规格、加工特点、加工范围以及精度和表面粗糙度。
2. 了解车床的组成以及各部分的作用和操作方法。
3. 了解工件的常用装夹方法。
4. 了解常用外圆车刀的种类,掌握正确安装方法。
5. 初步了解车床切削用量的选择。
6. 能正确使用常用量具并对工件进行尺寸测量。

【实训设备、工具和材料】

序号	设备、工具和材料	序号	设备、工具和材料
1	C6136A 车床	5	钢尺、游标卡尺
2	90°偏刀	6	毛坯料
3	45°弯头刀	7	零件图

续表

序号	设备、工具和材料	序号	设备、工具和材料
4	垫刀片	8	毛刷

【重点和难点】

重点：

1. 了解车床的结构与各手柄的功能。
2. 掌握车刀的选择与安装。
3. 了解车削参数的选择。

难点：

1. 掌握机床各手柄的调整与操作。
2. 掌握车削端面和试切法车削外圆的要领。
3. 能正确量出工件尺寸，并保证零件的加工精度。

【实训报告】

一、填空题

1. 车削加工的精度一般可达_____，表面粗糙度 R_a 值可达_____。
2. C6136A 车床的代号中，C 代表_____，36 代表_____。
3. 车床丝杠主要用于_____，光杠主要用于_____。

4. 切削用量三要素为＿＿＿＿＿、＿＿＿＿＿、＿＿＿＿＿，它们的单位分别是＿＿＿＿＿、＿＿＿＿＿、＿＿＿＿＿。

★5. 刀具切削部分材料应具备的性能是＿＿＿＿＿、＿＿＿＿＿、＿＿＿＿＿、＿＿＿＿＿和＿＿＿＿＿。

★6. 常用的车刀材料是＿＿＿＿＿和＿＿＿＿＿。

★7. 车台阶实际上是＿＿＿＿＿和＿＿＿＿＿的组合。

二、选择题

1. 普通卧式车床主要用来加工（　　）。
    A. 盘套、轴类零件　　B. 箱体类零件
    C. 支架类零件　　　　D. 异形零件

2. 以下不属于三爪卡盘特点的是（　　）。
    A. 夹紧力大　　　　　B. 找正方便
    C. 自动定心好　　　　D. 装夹效率高

3. 在车床上不可以进行的加工是（　　）。
    A. 钻孔　　　　　　　B. 螺纹
    C. 齿轮　　　　　　　D. 外圆

4. 车床上的传动丝杠是（　　）螺纹。
    A. 梯形　　　　　　　B. 锯齿形
    C. 三角形　　　　　　D. 矩形

5. 工件上由切削刃正在形成的那部分表面是（　　）。

　　A. 已加工表面　　　　B. 待加工表面

　　C. 过渡表面　　　　　D. 端面

★6. 半精车、精车时选择切削用量应首先考虑（　　）。

　　A. 提高生产效率

　　B. 保证加工质量

　　C. 提高刀具寿命

　　D. 减少机床动力消耗

★7. 车削塑性大的材料时，可选择（　　）的前角。

　　A. 较大　　　　　　　B. 较小

　　C. 零度　　　　　　　D. 负值

★8. 加工台阶轴，车刀主偏角应选（　　）。

　　A. 45°

　　B. 30°

　　C. 60°

　　D. 等于或大于90°

三、判断题

1. 车床的主运动是工件的旋转运动，进给运动是刀具的移动。　　　　　　　　　　　　　　　　（　　）

2. 车床主轴是实心的，是为了提高主轴的强度。

　　　　　　　　　　　　　　　　　　　　　　（　　）

3. 车床的溜板箱把交换齿轮箱传递过来的运动，经过

变速后传递给丝杠或光杠。　　　　　(　)
4. 切削速度就是机床主轴的转速。　　　(　)
5. 车床转速加快,刀具的进给量不会发生变化。(　)
★6. 主切削刃和副切削刃交汇的一个点成为刀尖。(　)
★7. 通常刀具材料硬度越高,耐磨性越好。　(　)
★8. 在车削加工中,为了确定工件轴向的定位和测量基准,一般应先加工端面。　　　　　　(　)
★9. 滚花的本质是使工件表面产生塑性变形,滚花后工件直径有所增加。　　　　　　　(　)
★10. 车削加工时,刻度盘比预计多转了5格,可以直接反向将刻度盘退回5格。　　　　(　)

四、简答题

1. 车削加工时,如果需要改变主轴转速,应在什么前提下进行？为什么？

2. 在表 3-1 中写出图 3-1 所示卧式车床上各数字代表的部件名称及其功用。

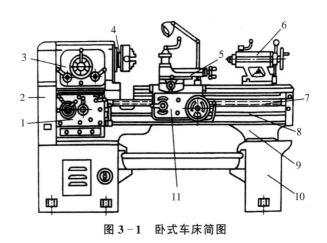

图 3-1 卧式车床简图

表 3-1 车床组成及其功用

序号	名称	功用
1		
2		
3		
4		
5		
6		
7		
8		
9		
10		
11		

3. 写出你知道的车床安全操作规程(至少5条)。

★4. 安装车刀有哪些要求?

★5. 中拖板手柄刻度盘每转一小格车刀横向移动 0.02 mm,试求将 $\phi25$ mm 的工件一次加工至 $\phi24_{-0.4}^{-0.2}$ mm,刻度盘应转过的最小和最大格数。

3.2 铣削实训

【实训目的与要求】

1. 了解铣削的工艺特点和应用范围。
2. 了解铣床的型号与种类。
3. 了解铣床的组成及各手柄的作用。
4. 掌握铣削简单零件表面的方法。
5. 严格遵守安全操作规程。

【实训设备、工具和材料】

序号	设备、工具和材料	序号	设备、工具和材料
1	万能工具铣	5	高度游标卡尺
2	炮塔铣床	6	游标卡尺
3	立铣刀	7	平口钳
4	端铣刀	8	铝块

【重点和难点】

重点：

1. 了解铣床的结构与各手柄的功能。
2. 掌握立铣、卧铣的结构，并了解它们之间的异同。
3. 了解所介绍铣刀的应用场合。
4. 了解刀具和零件的安装方法。

难点：

1. 掌握铣床各手柄的调整与操作方法。
2. 掌握铣削平面的方法。

【实训报告】

一、填空题

1. 铣削加工的精度一般可达_____，表面粗糙度 R_a 值可达_____。
2. 铣削用量由_____、_____、_____和_____组成。
3. 卧式铣床的特点是主轴与工作台_____，立式铣床的特点是主轴与工作台_____。
4. 立铣刀主要用于加工_____，端铣刀主要用于_____。
5. 铣 T 形槽在_____式铣床上加工，铣 V 形槽在_____式铣床上进行。

二、选择题

1. X6132 铣床，其工作台面宽度为（　　）。
   A. 600 mm　　　　　　B. 132 mm
   C. 610 mm　　　　　　D. 320 mm
2. 选择铣削用量时，首先选择（　　）。
   A. 进给量　　　　　　B. 铣削速度
   C. 主轴转速　　　　　D. 铣削宽度、深度

3. 用于切断加工的铣刀是（　　）。
   A. 立铣刀　　　　　B. 键槽铣刀
   C. 三面刃铣刀　　　D. 锯片铣刀
4. 键槽铣刀能够直接钻孔铣削封闭槽的原因是（　　）。
   A. 刀齿少
   B. 端面刀刃通过中心
   C. 刚性好
   D. 精度高
5. 端铣法在铣削用量的选择上可采用（　　）。
   A. 较低铣削速度,较小进给量
   B. 较低铣削速度,较大进给量
   C. 较高铣削速度,较小进给量
   D. 较高铣削速度,较大进给量

三、判断题

1. 铣削是利用旋转多刃刀具切削工件,故其加工效率高。（　　）
2. 铣床的主运动是刀具的旋转运动,进给运动是工件的移动。（　　）
3. 三面刃铣刀可以用来加工台阶面。（　　）
4. T形槽可以用T形槽铣刀直接加工出来。（　　）
5. 铣削加工中,刀具磨损只会影响加工的表面粗糙度,不会影响加工精度。（　　）

四、简答题

1. 简述铣削加工的特点。

2. 根据教材在表 3-2 中写出以下场合可以使用哪些铣刀。

表 3-2 铣刀的应用场合

场合	刀具
平面(4 种)	
斜面(1 种)	
台阶面(3 种)	
槽(6 种)	
孔(1 种)	
成型面(2 种)	

★3. 指出图3-2中两种铣削方式的名称,并说明各自的特点和适用范围。

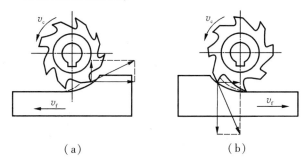

(a) (b)

图3-2 圆周铣的两种方法

3.3 刨削实训

【实训目的与要求】

1. 了解刨削加工的工艺特点及加工范围。
2. 了解刨床的型号与种类。
3. 基本掌握牛头刨床的操作及主要机构调整。
4. 熟悉在牛头刨床上正确安装刀具与工件的方法,并掌握刨平面的方法与步骤。
5. 严格遵守安全操作规程。

【实训设备、工具和材料】

序号	设备、工具和材料	序号	设备、工具和材料
1	牛头刨床	4	角尺
2	平面刨刀	5	平口钳
3	游标卡尺	6	铝块

【重点和难点】

重点:

1. 掌握牛头刨床运动的特点。
2. 利用实物教具比较刨刀和车刀各自的特点,了解刨刀的各角度。

3. 了解刨刀的安装,并熟练掌握。

难点:

1. 掌握刨削中切削要素的选用及刀具、量具的正确使用。
2. 熟练掌握平面的刨削方法。

【实训报告】

一、填空题

1. B635A 牛头刨床中的参数 35 表示 _____。

2. 刨削较大工件时,可直接装夹在牛头刨床的 _____上。

3. 刨削属于_____切削,刨刀切入时都有_____现象,_____容易损坏。

4. 插床的滑枕在_____方向做往复直线运动。

二、选择题

1. 牛头刨床工作台的间歇运动是通过(　　)机构来实现的。
   A. 槽轮　　　　　　B. 棘轮
   C. 齿轮　　　　　　D. 凸轮

2. 为防止刨刀受力弯曲时损伤已加工表面,安装刨刀时刀头伸出(　　)。
   A. 不宜过长　　　　B. 适当长点
   C. 调转角度　　　　D. 没有约束

3. 在牛头刨床上,刨刀的往复运动(　　)。
   A. 进程快、回程慢　　B. 进程慢、回程快
   C. 速度相同　　　　　D. 快慢可任意调节
4. 刨削加工在机械加工中仍占有一定地位的原因是(　　)。
   A. 生产效率低,但加工精度高
   B. 加工精度低,但生产效率高
   C. 设备简单,易于单件生产及修配工作
   D. 加工范围广
★5. 刨削垂直面时一般采用(　　)。
   A. 偏刨刀　　　　　　B. 弯刨刀
   C. 平面刨刀　　　　　D. 弯切刀

三、判断题

1. 牛头刨床刨平面时,主运动是滑枕的往复直线运动,进给运动是工件的间歇移动。（　　）
2. 在刨刀回程时,用手抬起刀夹,可以保持工件表面良好的表面粗糙度。（　　）
3. 刨刀安装在刀夹上时,伸出长度越长越好。（　　）
4. 相对于铣削而言,在加工窄长工件时,刨削效率比铣削高。（　　）
5. 龙门刨床加工时和牛头刨床一样,刨刀的运动是主运动。（　　）

四、简答题

1. 简述刨床工作的基本内容。

2. 简述刨刀抬刀的作用。

3. 在表 3-3 中写出图 3-3 所示牛头刨床上各数字代表的名称,并简要说明其作用。

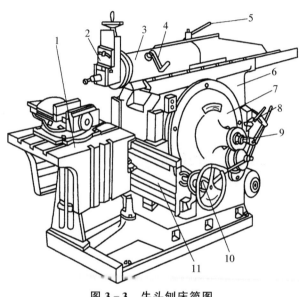

图 3-3 牛头刨床简图

表 3-3 牛头刨床组成及其作用

序号	名称	作用
1		
2		
3		
4		
5		
6		
7		
8		
9		
10		
11		

3.4 磨削实训

【实训目的与要求】

1. 了解磨削加工的工艺特点及应用范围。
2. 了解磨床的型号、组成、液压传动系统,正确使用冷却液。
3. 了解砂轮的组成、切削功能及选用。
4. 掌握平面磨床的操作及其正确安装工件的方法,并能完成平面的磨削加工。
5. 严格遵守安全操作规程。

【实训设备、工具和材料】

序号	设备、工具和材料	序号	设备、工具和材料
1	平面磨床	3	千分尺、角尺
2	砂轮	4	45钢工件

【重点和难点】

重点:

1. 掌握平面磨床 MM7120 的字母和数字所代表的含义。
2. 掌握磨床的各个组成部分及其作用。

难点:

1. 掌握砂轮的要素并能选择运用。

2. 掌握周磨法和端磨法的工作原理,并能了解它们各自的特点。

3. 掌握周磨法加工平面的操作要领。

【实训报告】

一、填空题

1. 在机械制造业中,磨削加工是对工件进行_____的主要方法之一。

2. 磨削加工的精度较高,可达_____级,表面粗糙度 R_a 值可达_____。

3. _____、_____和_____构成砂轮结构的三要素。

4. 砂轮特性包括_____、_____、结合剂、_____、组织、_____和尺寸等。

5. 研磨剂是很细的磨料混合剂,主要起_____作用。

6. 磨削时需要大量的切削液,主要作用有_____、_____、排屑、_____和防锈。

★7. 平面磨削时常用的磨削方法有_____和_____,实训时所用的是_____。

二、选择题

1. 砂轮特性中对磨削生产效率和表面粗糙度有很大影

响的是(　　)。
A. 结合剂　　　　　　B. 硬度
C. 组织　　　　　　　D. 粒度

2. 磨削铸铁、黄铜等材料时,合理的磨料应选择(　　)。
A. 棕刚玉　　　　　　B. 白刚玉
C. 黑色碳化硅　　　　D. 绿色碳化硅

3. 在平面磨床上装夹工件,主要使用的是(　　)。
A. 四爪卡盘　　　　　B. 三爪卡盘
C. 电磁吸盘　　　　　D. 花盘

4. 磨削平面时,主运动是(　　)。
A. 砂轮高速旋转
B. 工作台横向移动
C. 工作台纵向移动
D. 砂轮的上下移动

三、判断题

1. 磨削加工不受材料限制,如黑色金属、有色金属、铸铁等,还可以磨削塑料、陶瓷、玻璃。(　　)
2. 砂轮粒度号越大表示磨料颗粒越大。(　　)
3. 砂轮可以看作是具有无数个微小刀刃的刀具。(　　)
4. 砂轮的硬度是指组成砂轮的磨料的硬度。(　　)
5. 磨削可以清理铸、锻件的硬皮和飞边,做毛坯的开粗加工。(　　)
★6. 砂轮具有一定的自锐性,因此砂轮不需要修整。(　　)

四、简答题

1. 在平面磨床上磨削平面时,如何装夹工件?相对于铣床、刨床这种装夹方法有什么特点?

2. 在表3-4中写出图3-4所示平面磨床上各数字代表的名称。

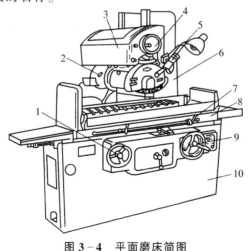

图 3-4 平面磨床简图

表 3-4 平面磨床的组成

序号	名称	序号	名称
1		6	
2		7	
3		8	
4		9	
5		10	

实训四　钳工实训

【实训目的与要求】

1. 熟悉钳工在机械制造及维修中的作用。
2. 了解钳工各项基本操作方法。
3. 了解钳工加工工艺的基本知识。
4. 通过零件加工掌握划线、锯削、锉削、钻孔、攻螺纹和套螺纹的方法和应用。
5. 掌握钳工常用工具、量具的使用方法,能独立完成钳工作业件。
6. 掌握铆接工艺的方法与应用。

【实训设备、工具和材料】

序号	设备、工具和材料	序号	设备、工具和材料
1	台虎钳、钳工台	9	手锤
2	台式钻床	10	高度游标卡尺、游标卡尺
3	锯弓、锯条	11	90°角尺、万能角度尺

续表

序号	设备、工具和材料	序号	设备、工具和材料
4	平锉、圆锉、半圆锉、方锉、三角锉、什锦锉	12	毛刷、钢丝刷
5	麻花钻	13	钢直尺
6	丝锥、板牙、铰手	14	抽芯铆钉枪
7	划规、划针、样冲	15	抽芯铆钉
8	方钢、薄钢样板片	16	划线平板

【重点和难点】

重点：

1. 了解钳工的工艺范围及安全技术、台虎钳的结构与使用。

2. 熟悉钳工工具，掌握工件的装夹、测量和检验方法。

3. 了解划线的作用、划线基准的选择，掌握划线工具、量具的使用与划线的操作步骤。

4. 掌握锉平面、外圆弧、孔、倒角、锯削的方法及操作要领。

5. 熟悉常见的各类麻花钻、扩孔钻、铰刀、扩孔钻与铰刀的区别，了解钻床的构造、类型与应用。

6. 熟悉螺纹种类及各部分名称，掌握攻螺纹、套螺纹的操作步骤。

7. 了解铆接的种类、铆接工具的使用以及铆钉分类。

难点：

1. 掌握工件的立体划线。

实训四 钳工实训

2. 掌握麻花钻的构造与钻头切削部分的几何角度。
3. 掌握攻螺纹和套螺纹前的底径和杆径尺寸确定方法。
4. 掌握常用的抽芯铆钉操作方法和操作要领。

【实训报告】

一、填空题

1. 钳工的基本操作方法：_____、_____、_____、_____、_____、_____、_____、_____、_____。

2. 钳工中用于夹持工件的通用夹具是_____。

3. 锯削各种材料用_____工具，该工具由_____和_____组成。

4. 手锯起锯的方法有_____和_____两种，起锯角为_____度。

5. 钻床主要分为台式钻床、_____和_____。其中台式钻床一般加工直径在_____范围内的工件。

6. 麻花钻由_____、_____和_____三个部分组成。

7. 加工内螺纹时应用_____工具，加工外螺纹时应用_____工具。

★8. _____指借助铆钉将两个或两个以上的工件或零件连接为一个整体。

★9. 按照铆接方法进行分类,可以把铆接分为_____、_____和_____。

★10. 进行铆接时,铆钉直径的确定与_____和_____有关。

二、选择题

1. 划规属于划线工具中的(　　)。
   A. 绘划工具　　　　B. 测量工具
   C. 基准工具　　　　D. 夹持工具

2. 下列对锯削描述正确的是(　　)。
   A. 锯削时身体应该笔直站立
   B. 锯缝产生歪斜时应该及时矫正
   C. 锯削时速度越快越好
   D. 锯削时力量越大越好

3. 手锯安装锯条时,锯齿尖应(　　)。
   A. 向前
   B. 向后
   C. 细齿向前,粗齿向后
   D. 粗齿向前,细齿向后

4. 锉削过程中检查垂直度,使用的量具是(　　)。
   A. 游标卡尺　　　　B. 千分尺
   C. 直角尺　　　　　D. 钢板尺

5. 锉削时工件适宜装夹在台虎钳的(　　)。
   A. 左边　　　　　　B. 中间
   C. 右边　　　　　　D. 任意位置

6. 锉削平面时一般用(　　)加工。
   A. 三角锉　　　　　　B. 圆锉
   C. 方锉　　　　　　　D. 平锉
7. 工件套丝必须先确定光杆直径,经验公式为(　　)。
   A. 螺纹外径-0.13p　　B. 螺纹外径+0.2p
   C. 螺纹外径-0.2p　　 D. 螺纹外径+0.13p
★8. 在不便采用双面铆接,且缺乏拉铆枪的场合,适合用(　　)进行铆接。
   A. 沉头铆钉　　　　　B. 半圆头铆钉
   C. 空心铆钉　　　　　D. 击芯铆钉

三、判断题

1. 划线时为了使划出的线条清晰,划针应在工件上反复多次划动,直至划清。　　　　　　　　　　(　　)
2. 用手锯锯削时,一般往复长度不应少于锯条长度的2/3。　　　　　　　　　　　　　　　　　　(　　)
3. 粗锉刀齿间大、易堵塞,不适宜粗加工或锉铜、铝等软金属。　　　　　　　　　　　　　　　　(　　)
4. 钻床可以进行钻孔、扩孔、铰孔。　　　　　(　　)
5. 用丝锥也可以加工出外螺纹。　　　　　　　(　　)
★6. 直径大于8 mm的钢铆钉多用于冷铆。　　　(　　)
★7. 抽芯铆钉主要适用于双面铆接的场合。　　 (　　)
★8. 进行铆接时,铆钉杆长度的确定与铆接件的总厚度以及铆钉直径有关。　　　　　　　　　　　(　　)

四、简答题

1. 简述划线的作用。

2. 判断下面两组图中哪种锯削方式正确,并说明理由。

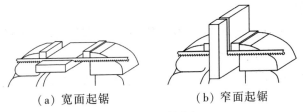

(a) 宽面起锯　　　　(b) 窄面起锯

图 4-1　锯削扁钢

实训四 钳工实训

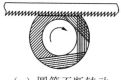 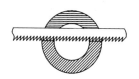

(a) 圆管不断转动　　　(b) 圆管固定不动

图 4-2　锯削圆管

3. 简述锉刀的选用原则。

4. 加工通孔内螺纹时如何确定底孔直径。

★5. 简述利用半圆头铆钉进行铆接的工艺步骤。

实训五　装配实训

【实训目的与要求】

1. 了解机械装配的组织与实施方法。

2. 掌握机械装配的一般原则。

3. 了解机械装配的技术术语和编制装配工艺规范的基本知识。

4. 掌握常用零部件的基本理论知识和装配方法。

5. 掌握机械零部件拆卸的基本知识。

6. 熟悉减速器、差速器等机械设备的拆装工艺过程。

【实训设备、工具和材料】

序号	设备、工具和材料	序号	设备、工具和材料
1	手锤	8	老虎钳
2	17~19 mm 开口扳手(固定)	9	十字螺丝刀、一字螺丝刀
3	10 英寸活动扳手	10	轴承拉马(轴用)
4	孔用卡簧钳、轴用卡簧钳	11	静力拉马(孔用)

续表

序号	设备、工具和材料	序号	设备、工具和材料
5	外六角套筒	12	垫块(铝块)
6	棘轮扳手	13	铝棒
7	内六角扳手	14	自制轴承拆卸套筒

【重点和难点】

重点：

1. 了解机械装配的工艺过程和装配的工作要求。
2. 掌握常用拆卸与装配工具的使用方法。
3. 掌握螺纹紧固件等常用连接方式的装配方法。

难点：

1. 掌握轴承拆卸与装配的工艺过程和拆装方法。
2. 掌握减速器、差速器等典型机械设备的拆装作业。

【实训报告】

一、填空题

1. _____是按照规定的技术要求,将若干个零件结合成部件或若干个零件和部件结合成机械的过程。
2. 装配术语具有_____、_____和_____三个特性。
3. 装配的主要操作包括：_____、_____、_____、_____和_____。

4. 装配中必须考虑的因素有：_____、_____、_____、_____和_____。

5. 定位是将零件或工具放在_____的位置上,以便进行_____的操作。

6. 锁紧件有两大类：即_____锁紧件和_____锁紧件。

7. 密封的目的是_____、_____。

8. 密封件可分为两大主要类型：即_____和_____。

★9. 拆卸步骤可分为两个阶段,分别称为_____和_____。

★10. 螺纹连接的装配技术要求有_____和_____。

二、选择题

1. 装配基准件是(　　)进入装配的零件。
   A. 最后　　　　　　B. 最先
   C. 中间　　　　　　D. 合适时候

2. 调整是指调节(　　)的相互位置、配合间隙、结合程度等工作。
   A. 零件　　　　　　B. 部件
   C. 机构　　　　　　D. 零件与机构

3. 机床主轴装配常采用( )。
   A. 完全互换法　　　　B. 大数互换法
   C. 修配法　　　　　　D. 调整法
4. 装配时,( )不可以直接敲击零件。
   A. 钢锤　　　　　　　B. 塑料锤
   C. 铜锤　　　　　　　D. 橡胶锤
5. 下列装配中属于主要操作的有( )。
   A. 连接　　　　　　　B. 运输
   C. 清洗　　　　　　　D. 贮存
6. 利用压力工具使装配件在一个持续的推力下而移动的装配操作称为( )。
   A. 夹紧　　　　　　　B. 测量
   C. 压入　　　　　　　D. 定位
7. 将滚动轴承从轴上拆卸下来时,拉马的爪应作用在滚动轴承的( )。
   A. 外圈　　　　　　　B. 内圈
   C. 外圈或内圈　　　　D. 保持架
★8. 油封的安装过程中,下面说法正确的是( )。
   A. 油封在装配前不需要润滑
   B. 油封必须用汽油进行清洗
   C. 安装油封的轴的轴端必须有导向导角
   D. 可以用锤子敲击油封进行安装

三、判断题

1. 零件是机械产品装配过程中最小的装配单元。（   ）
2. 装配时，为了加快装配速度，可以忽略一些零件的装配顺序。（   ）
3. 装配密封垫时，应对密封垫涂上一层润滑脂，以防止移动。（   ）
4. 固定连接的零部件进行装配时可以保持一定的装配间隙。（   ）
5. 轴承装配到轴上时，应通过垫套施力于轴承外圈端面上。（   ）
6. 装配成组螺钉、螺母时，应按一定要求旋紧，并且不要一次完全旋紧，应按次序分两次或三次旋紧。（   ）
★7. 拆卸的零部件必须有次序、有规则地放好，配合件上必须做好记号，以免搞乱。（   ）
★8. 拆卸阶梯轴上的卡簧时必须用内卡簧钳。（   ）

四、简答题

1. 简述制定装配工艺规程的步骤。

2. 图 5-1 为减速器组件的装配图,请简述其装配顺序。

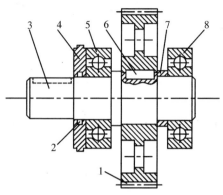

1—齿轮;2—毡圈;3—传动轴;4—透盖;
5—左轴承;6—键;7—垫圈;8—右轴承

图 5-1 减速器组件的装配

3. 机器装配工艺过程一般由哪几个部分组成？

4. 简述轴承装配的两个基本原则。

★5. 常用的拆卸方法有哪些？

第二篇

先进制造技术

实训六　数控车床实训

【实训目的与要求】

1. 了解数控机床的概念、基本工作原理、加工特点、应用范围、分类及发展方向。

2. 了解数控技术在车削加工中的应用及其加工特点。

3. 了解数控车床的工作原理、基本结构及其功能。

4. 了解数控车床加工零件的工艺过程和操作方法。

5. 掌握数控车床的编程方法和常用编程指令,能对典型零件进行工艺分析和程序编制。

6. 掌握数控系统的操作方法,能在数控车床上进行程序的输入、编辑、加工操作及调试。

【实训设备、工具和材料】

序号	设备、工具和材料	序号	设备、工具和材料
1	数控车床	8	油壶
2	外圆车刀	9	卡盘扳手

续表

序号	设备、工具和材料	序号	设备、工具和材料
3	螺纹车刀	10	刀架扳手
4	割刀	11	钢尺
5	圆弧车刀	12	游标卡尺
6	铝合金毛坯棒料	13	毛刷
7	锉刀	14	装有仿真软件的计算机

【重点和难点】

重点：

1. 掌握机床坐标系和工件坐标系的定义、原点的定义、坐标轴方向的选取。

2. 掌握零件加工工艺分析和设计方法。

3. 学习数控车床的常用编程指令，掌握数控车床的手工编程方法。

4. 掌握工件与刀具的正确安装与调试方法。

5. 掌握数控车床的安全技术操作规范与保养方法。

6. 掌握数控车床仿真软件的使用方法，并能够模拟仿真加工零件。

难点：

1. 掌握终点编程法中的坐标值的计算方法。

2. 编程指令中圆弧插补的方向判定。

3. 掌握粗加工和精加工的工艺分析,设计合理的加工步骤。

4. 掌握数控车床的对刀方法。

【实训报告】

一、填空题

1. 数控机床一般由＿＿＿＿＿＿、＿＿＿＿＿＿、＿＿＿＿＿＿、机床本体这四部分组成。

2. 数控车床按主轴位置可分为＿＿＿＿数控车床及＿＿＿＿数控车床。

3. 数控车床主要用于＿＿＿＿＿＿工件的加工。

4. 数控车床的主运动是＿＿＿＿＿＿。

5. 在确定零件的工艺流程时,应将＿＿＿＿加工和＿＿＿＿加工分阶段进行。

6. 数控机床坐标系采用国际标准＿＿＿＿＿＿＿,其中拇指、食指、中指分别代表＿＿＿＿、＿＿＿＿、＿＿＿＿轴,其指向为＿＿＿＿方向。

7. 数控车床进行"回零"操作时,应该先回＿＿＿＿轴,再回＿＿＿＿轴。

8. MDI方式是指＿＿＿＿＿＿。

★9. 一个完整的数控程序,一般由＿＿＿＿、＿＿＿＿、＿＿＿＿三部分组成。

★10. G02 的功能是_____,G03 的功能是_____。

二、选择题

1. 机床通电后,下面(　　)不是系统默认的。
   A. 尺寸单位(mm)
   B. 编程方式(直径)
   C. 进给速度单位(mm/min)
   D. 主轴正转

2. 数控车床的四方刀架一次最多可以装(　　)把刀。
   A. 3　　　　　　　　B. 4
   C. 8　　　　　　　　D. 24

3. 数控车床上尾座的主要作用是(　　)。
   A. 辅助定位与夹紧作用
   B. 当刀架不够用时可以装夹刀具
   C. 用于安装钻头进行内孔加工,以及用顶尖进行装夹工件
   D. 在机床中起平衡作用

4. 与普通车削加工相比,下列(　　)不是数控车削加工的主要特点。
   A. 自动化程度高,易于实现个性化加工要求
   B. 适应性差,生产效率低
   C. 适于复杂异型零件的加工
   D. 加工精度高,质量稳定

5. 确定数控机床系统运动关系的原则是假定(　　)。

　　A. 刀具、工件都不运动

　　B. 刀具相对静止的工件而运动

　　C. 工件相对静止的刀具而运动

　　D. 刀具、工件都运动

6. 在数控车床坐标系中,Z 轴是(　　)的方向。

　　A. 与主轴垂直　　　　B. 与主轴平行

　　C. 主轴旋转　　　　　D. 刀架旋转

★7. 快速移动指令为(　　),一般用于加工前快速定位或加工后快速退刀,以提高工作效率。

　　A. G01　　　　　　　B. G02

　　C. G03　　　　　　　D. G00

★8. 数控车床系统的进给功能字"F"后的数字表示(　　)。

　　A. 每分钟进给量(mm/min)

　　B. 每秒进给量(mm/s)

　　C. 每转进给量(mm/r)

　　D. 螺纹螺距(mm)

★9. 数控车床中,转速功能字"S"可指定(　　)。

　　A. mm/r　　　　　　B. r/mm

　　C. mm/min　　　　　D. r/min

★10. T0304 中的 03 的含义是(　　)。

　　A. 刀具号　　　　　　B. 刀偏号

　　C. 刀具补偿号　　　　D. 刀补号

三、判断题

1. 数控机床开机后,必须先进行返回参考点操作。（ ）
2. 数控车床的特点是 Z 轴进给 1 mm,零件的直径减小 2 mm。（ ）
3. 在机床操作过程中,如遇到危险或紧急情况,应立刻按下"急停"按钮或切断电源。（ ）
4. 工件坐标系是以机床上固定的机床原点建立的坐标系。（ ）
5. 程序在实际加工前,一定要进行校验。（ ）
★6. G00 指令的移动速度值是由数控程序指定的。（ ）
★7. G01 指令只能加工水平直线,不可以加工斜线。（ ）
★8. M30 表示主轴正转。（ ）
★9. 数控车床执行直线插补指令时,程序段中必须有 F 指令。（ ）
★10. 在数控车床程序校验时,如果想看到正确的图形演示,无需进行毛坯尺寸输入。（ ）

四、简答题

1. 简述与普通机床相比,数控机床有哪些特点。

2. 简述数控车床的用途和分类。

★3. 在数控车床上加工零件时,需要制定加工顺序,遵循的原则是什么?

★4．试述数控车床的编程特点。

★5. 已知工件毛坯为 φ32 mm×80 mm 的铝合金棒料,试编写图 6-1 所示零件的加工程序。

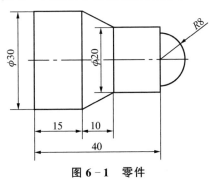

图 6-1 零件

实训七 数控铣床实训

【实训目的与要求】

1. 了解数控技术在铣削加工中的应用及其加工特点。

2. 了解数控铣床的工作原理及有关组成部分的作用。

3. 掌握数控铣床零件加工的工艺过程以及加工程序的编制方法。

4. 掌握数控铣床零件加工步骤和控制面板的操作。

【实训设备、工具和材料】

序号	设备、工具和材料	序号	设备、工具和材料
1	数控铣床	6	活动扳手
2	铣刀	7	游标卡尺
3	刀柄	8	对刀仪
4	平口钳	9	寻边器
5	卸刀架和卸刀扳手	10	毛刷

【重点和难点】

重点：

1. 数控铣床机床坐标系、工件坐标系和运动方向的判定。
2. 数控铣床加工工艺流程的分析。
3. 零件加工程序的手动编制和自动编制。
4. 刀具半径补偿和刀具长度补偿在程序中的编程方法。
5. 铣削复合固定循环指令的编程方法和钻孔加工指令的编程方法。

难点：

1. 数控加工的工艺设计、工序划分以及零件的装夹。
2. 非圆曲线的直线逼近方法和圆弧逼近方法。
3. 对刀点与换刀点的确定，切削参数的确定。
4. 辅助坐标点的设定与计算。
5. 不同数控系统之间的指令与编程格式的差别。
6. 轮廓加工编程时，刀具半径补偿指令的应用以及螺纹加工编程时参数的选择。

【实训报告】

一、填空题

1. 数控铣床对刀的过程，实质上是确定_____ _____的过程。

2. 通常数控铣床具有_____插补和_____插补功能。

3. 用于数控铣床准备功能的指令代码是_____,辅助功能的指令代码是_____,刀具编号的指令代码是_____,刀具补偿号的指令代码是_____。

4. 数控铣床常用的工件坐标系指令有_____、_____、_____、_____、_____。

5. 数控铣床程序编制采用绝对坐标编程时指令为_____,采用相对坐标编程时指令为_____。

6. 进给量的单位有 mm/min 和 mm/r,其指令分别为_____和_____。

7. 数控铣床圆弧插补用半径编程时,要求当圆弧对应的圆心角小于等于 180°时,R 赋值为_____;当圆弧对应的圆心角大于 180°时,R 赋值为_____。

★8. 数控铣床刀具半径补偿的准备功能字指令有_____、_____、_____。

★9. 通常数控铣床要进行刀具半径补偿时需要选择坐标平面,其指令是_____、_____、_____。

★10. 编程时可将重复出现的程序编成_____,使用时可以由_____多次重复调用。

二、选择题

1. 数控铣床的基本控制坐标轴数是(　　)个轴。
   A. 六　　　　　　　　B. 五
   C. 四　　　　　　　　D. 三
2. 确定数控铣床坐标轴时,一般应先确定(　　)轴。
   A. Z 轴　　　　　　B. X 轴
   C. Y 轴　　　　　　D. A 轴
3. 立式数控铣床的默认坐标平面是(　　)。
   A. G01　　B. G17　　C. G18　　D. G19
4. 数控铣床的 S 功能常用(　　)为单位。
   A. r/s　　　　　　　B. r/min
   C. mm/min　　　　　D. m/min
5. 数控铣床的 F 功能常用(　　)为单位。
   A. mm/min　　　　　B. m/min
   C. mm/r　　　　　　D. m/r
6. 数控铣床与移动无关的准备功能字指令是(　　)。
   A. G01　　　　　　　B. G02
   C. G03　　　　　　　D. G04
7. 数控铣床主轴停止的 M 指令是(　　)。
   A. M03　　　　　　　B. M04
   C. M05　　　　　　　D. M30
8. 通常数控铣床冷却液自动打开的 M 指令是(　　)。
   A. M03　　　　　　　B. M08
   C. M09　　　　　　　D. M05

9. 当加工程序结束返回到程序开头时,应当采用（　　）指令。

   A. G00　　　　　　　　B. M02
   C. M30　　　　　　　　D. M05

10. 要求主轴以 700 r/min 作顺时针运转时,其程序指令为（　　）。

    A. M03 S700　　　　　B. M04 S700
    C. M08 F700　　　　　D. M09 F700

三、判断题

1. 在启动数控铣床之前,操作员应确保工件被牢固地夹紧,以避免加工过程中移动。　　　　　　　　（　　）

2. 在更换刀具时,应先停止主轴旋转,确保刀具完全静止。　　　　　　　　　　　　　　　　　　　（　　）

3. 数控铣床可以对零件进行平面铣削、轮廓铣削、型腔铣削、复杂型面铣削,也可以进行钻削、镗削、螺纹切削等孔加工,其应用非常广泛。　　　　　　　（　　）

4. 为了精确控制加工深度,可以手动调整 Z 轴位置,无需通过程序控制。　　　　　　　　　　　　（　　）

5. G00 的速度可以通过设定 F 值来改变。　（　　）

6. 数控铣床刀具半径补偿指令 G41 和 G42 不能同时用在一个程序中。　　　　　　　　　　　　　（　　）

7. 刀具磨损后不需要重新计算,只需调整刀具半径补偿值。　　　　　　　　　　　　　　　　　　（　　）

8. 使用 G90 指令,机床将采用绝对坐标编程,所有坐标值基于工件原点。（ ）

9. 刀具补偿功能包括刀补的建立、刀补的执行和刀补的取消三个阶段。（ ）

10. 数控铣床型号 VMC850B 中 50 是指工作台的 Y 轴行程为 500 mm。（ ）

四、简答题

1. 简述什么是机床坐标系,什么是工件坐标系,以及两者之间的联系。

2. 简述什么是刀具的半径补偿和刀具的长度补偿。

3. 常用的铣削指令有哪些?

★4. 选择合适的刀具和路径编写图 7-1 所示工件的轮廓加工程序。

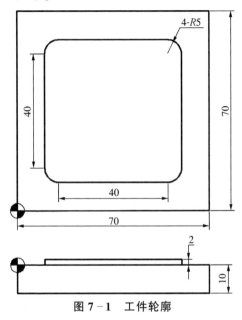

图 7-1 工件轮廓

★实训八 加工中心实训

【实训目的与要求】

1. 了解加工中心的基本原理及各组成部分的作用。
2. 掌握加工中心的基本操作步骤。
3. 掌握加工中心零件加工的工艺过程和刀具选择。
4. 学会用计算机辅助编程软件编制加工程序。

【实训设备、工具和材料】

序号	设备、工具和材料	序号	设备、工具和材料
1	加工中心	6	游标卡尺
2	铣刀	7	对刀仪
3	刀柄	8	寻边器
4	卸刀架和卸刀扳手	9	毛刷
5	活动扳手	10	计算机

【重点和难点】

重点:

1. 掌握工件坐标系的确定方法及现场对刀操作。

2. 掌握直线、圆弧插补和辅助功能指令的编程方式。

3. 了解不同刀具的特性和适用范围,学会刀具的更换和刀库的管理。

4. 掌握使用 Mastercam、CAXA 等计算机辅助编程软件编制加工程序的方法,学会分析加工工艺,选择合适的刀具进行加工。

难点:

1. 理解加工中心编程与数控铣床编程的区别,学会换刀指令和刀具补偿指令的运用。

2. 分析零件图纸,选择自动编程软件编写加工程序。

3. 熟练掌握加工中心的操作步骤及自动换刀过程。

【实训报告】

一、填空题

1. 加工中心是带有_____的数控机床,能够自动更换刀具进行多工序加工。

2. 加工中心常见的刀库类型有_____、_____、_____等。

3. 加工中心的_____装置用于清除加工过程中产生的切屑,保持机床清洁。

4. 加工中心机床分为_____、_____和_____。

5. 标准中规定_____的运动方向为 Z 坐标方向,刀具远离工件的方向为_____。

6. 加工中心圆弧插补参数 I、J、K 是_____到圆心的矢量坐标。

7. 数控机床坐标轴 X、Y、Z 由_____法则确定,绕 X、Y、Z 轴的旋转运动分别用 A、B、C 来表示,按_____定则确定其正方向。

8. 控制主轴的辅助功能代码有_____、_____、_____。

9. 子程序结束并返回主程序的指令是_____。

10. 插补方法按输出驱动信号方式不同,可以分为_____和_____。

二、选择题

1. (　　)指机床上一个固定不变的极限点。
   A. 机床原点　　　　B. 工件原点
   C. 换刀点　　　　　D. 对刀点

2. 在编制加工中心的程序时应正确选择(　　)的位置,要避免刀具交换时与工件或夹具产生干涉。
   A. 对刀点　　　　　B. 工件原点
   C. 参考点　　　　　D. 换刀点

3. 数控系统之所以能进行复杂的轮廓加工,是因为它具有(　　)。
   A. 位置检测功能　　B. PLC 功能
   C. 插补功能　　　　D. 自动控制

4. 数控机床的旋转轴之一 B 轴是绕(　　)直线轴旋转的轴。
   A. X 轴　　　　　　　B. Y 轴
   C. Z 轴　　　　　　　D. W 轴

5. 加工中心用刀具与数控铣床用刀具的区别是(　　)。
   A. 刀柄　　　　　　　B. 刀具材料
   C. 刀具角度　　　　　D. 拉钉

6. 在铣削工件时,若铣刀的旋转方向与工件的进给方向相反,则称为(　　)。
   A. 顺铣　　B. 逆铣　　C. 横铣　　D. 纵铣

7. 西门子系统中,圆弧插补指令"G03 X Y R"中,X、Y 后的值表示圆弧的(　　)。
   A. 起点坐标值
   B. 终点坐标值
   C. 圆心坐标相对于起点的值
   D. 起点坐标相对于圆心的值

8. G00 指令的移动速度值是(　　)的。
   A. 机床参数指定　　　B. 数控程序指定
   C. 操作面板指定　　　D. 出厂默认,不能调整

9. 圆弧插补段程序中,若采用圆弧半径 R 编程时,从起始点到终点存在两条圆弧线段,当(　　)时,用-R 表示圆弧半径。
   A. 圆弧小于或等于 180°

B. 圆弧大于或等于180°

   C. 圆弧小于180°

   D. 圆弧大于180°

10. G92的作用是(　　)。

   A. 设定刀具的长度补偿值

   B. 设定工件坐标系

   C. 设定机床坐标系

   D. 增量坐标编程

三、判断题

1. 加工中心的自动换刀系统在更换刀具时,必须先停止主轴旋转和冷却液供应,以确保安全和精度。　　(　　)

2. 在加工中心中,采用闭环控制系统的机床比开环控制系统的机床具有更高的定位精度和稳定性。　　(　　)

3. 加工中心编程时,使用G00指令快速移动至加工起始点会影响工件表面质量。　　(　　)

4. CNC加工中心程序编制中,使用G01指令进行直线插补时,F值(进给速度)可以随时在程序中改变,不影响加工精度。　　(　　)

5. 在加工中心编程时,使用宏程序可以实现更复杂的数学计算和逻辑判断,提高编程的灵活性和效率。
(　　)

6. 在加工中心上,一次装夹可以完成多个面的加工,减少了工件定位和装夹次数。　　(　　)

7. 在轮廓铣削加工中,若采用刀具半径补偿指令编程,刀补的建立与取消应在轮廓上进行,这样的程序才能保证零件的加工精度。　　　　　　　　　(　　)

8. 采用立铣刀加工内轮廓时,铣刀直径应小于或等于工件内轮廓最小曲率半径的 2 倍。　　　(　　)

9. 在轮廓加工中,主轴的径向和轴向跳动精度不影响工件的轮廓精度。　　　　　　　　　　(　　)

10. 圆弧铣削时,已知起点和圆心就可以编写出圆弧插补程序。　　　　　　　　　　　　　(　　)

四、简答题

1. 简述加工中心的主要组成部分。

2. 图 8-1 所示工件的毛坯材料为铝块,上、下表面及外轮廓尺寸 80 mm×80 mm 均已加工,自行选择合适的刀具编写其凸台轮廓程序和凹槽加工程序。

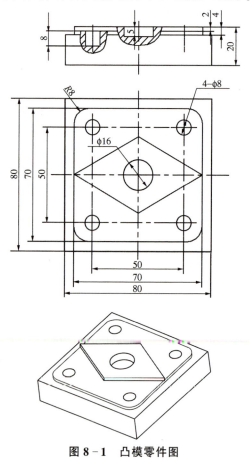

图 8-1 凸模零件图

★ 实训八　加工中心实训

实训九　特种加工实训

【实训目的与要求】

1. 了解电火花加工技术的基本原理和工艺特点。
2. 掌握电火花线切割机床的基本操作步骤。
3. 掌握电火花线切割加工的工艺流程及编程方法。

【实训设备、工具和材料】

序号	设备、工具和材料	序号	设备、工具和材料
1	百分表与表座	6	剪刀
2	游标卡尺	7	虎钳
3	内六角扳手	8	钼丝
4	螺丝刀	9	纯铜电极
5	锉刀	10	砂纸

【重点和难点】

重点：

1. 图形绘制

用自动编程软件绘制出所需加工的零件图形,确保所绘制图形无交叉和断开,能形成一条封闭的轨迹。

2. 机床操作

能根据图形轨迹,将金属丝移动到合适的起点位置,启动机床,进行轨迹切割。

难点:

对于电火花线切割加工,在选择加工路线时应尽量保持工件或毛坯的结构刚性,以免因工件强度下降或材料内部应力的释放而引起变形,具体应注意以下几点:

1. 线切割凸模类工件应尽量避免从工件端面由外向里进刀,最好从坯件预制的穿丝孔开始加工。

2. 加工路线应向远离工件夹具的方向进行,即将工件与其装夹部位分离的部分安排在切割线路的末端。

3. 在一块毛坯上要切出两个以上工件时,为减小变形应从不同的穿丝孔开始加工。

4. 加工轨迹与毛坯边缘距离应大于 5 mm,以防因工件的结构强度差而发生变形。

5. 避免沿工件端面切割,放电时电极丝单向受电火花冲击力使电极丝运行不稳定,难以保证尺寸和表面精度。

【实训报告】

一、填空题

1. _____ 不是主要依靠机械能,而是利用电能、光能、热能、化学能等多种形式的能量实现 _____ _____ 的工艺方法来完成对零件的加工。

2. 按电极之间的相对运动方式和用途不同,电火花加工可分为:_____、_____、_____等。
3. 数控电火花线切割机床主要由_____、_____和_____等部分组成。
4. 数控电火花线切割机床的编程,主要采用_____和_____两种格式。
5. 电火花线切割加工机床根据电极丝的移动速度可分为_____和_____,走丝速度一般分别为_____、_____。
6. 在电火花线切割加工中,作为电极的金属丝通常由_____或_____材料制成。
★7. 电火花线切割加工中,穿丝孔的作用是_____。
★8. 在电火花加工中,提高电蚀量和加工效率的电参数途径有_____、_____、_____。
★9. 慢走丝线切割机床的加工精度可达到_____μm,表面粗糙度 R_a<0.32 μm。
★10. 电火花成型加工的主要工艺指标有_____、_____和_____。

二、选择题

1. 电火花加工是靠( )去除金属材料的。
   A. 切削　　　　　　　B. 电腐蚀

C. 摩擦 D. 碰撞
2. 数控高速走丝电火花线切割机床加工电极常采用（　　）。
   A. 铜丝 B. 钢丝
   C. 钼丝 D. 钨丝
3. 电火花线切割加工中，电极丝的作用是（　　）。
   A. 作为导电材料，直接参与电蚀过程
   B. 仅作为导线，不参与电蚀过程
   C. 作为冷却介质的通道
   D. 作为机械支撑
4. 下列不能用数控电火花线切割加工的材料为（　　）。
   A. 石墨 B. 铝
   C. 硬质合金 D. 大理石
5. 对于数控快走丝电火花线切割机床，影响其加工质量和加工稳定性的关键部件是（　　）。
   A. 走丝机构 B. 工作液循环系统
   C. 脉冲电源 D. 伺服控制系统
6. 有关电火花线切割机床使用电极丝情况，下列说法中不正确的是（　　）。
   A. 钼、钨钼合金电极丝常用于快走丝线切割加工
   B. 铜丝也可用于快走丝线切割加工
   C. 铜丝只能用于慢走丝线切割加工
   D. 钼丝也可以用于慢走丝线切割加工

7. 有关线切割加工对材料可加工性和结构工艺性的影响,下列说法中正确的是(　　)。
   A. 线切割加工提高了材料的可加工性,不管材料硬度、强度、韧性、脆性及其是否导电都可以加工
   B. 线切割加工影响了零件的结构设计,不管什么形状的孔如方孔、小孔、阶梯孔、窄缝等,都可以加工
   C. 线切割加工速度的提高为一些零件小批量加工提供了方法
   D. 线切割加工改变了零件的典型加工工艺路线,工件必须先淬火,然后才能进行电火花线切割加工
8. 电火花线切割加工过程中,电极丝与工件之间存在的主要状态是(　　)。
   A. 开路　　　　　　B. 短路
   C. 火花放电　　　　D. 电弧放电
9. 在线切割加工中,加工穿丝孔的主要目的是(　　)。
   A. 保证零件的完整性
   B. 减小零件在切割中的变形
   C. 容易找到加工起点
   D. 提高加工速度
10. 电火花线切割加工一般安排在(　　)。
    A. 淬火之前,磨削之后
    B. 淬火之后,磨削之前

C. 淬火与磨削之后

D. 淬火与磨削之前

三、判断题

1. 利用电火花线切割机床不仅可以加工导电材料,还可以加工不导电材料。（　　）

2. 如果线切割加工中单边放电间隙为 0.01 mm,电极丝直径为 0.18 mm,那么加工圆孔时的电极丝补偿量为 0.19 mm。（　　）

3. 在线切割加工中,当电压表、电流表的表针稳定不动,此时进给速度均匀、平稳,是线切割加工速度和表面粗糙度均好的最佳状态。（　　）

4. 快速走丝电火花线切割机床比慢速走丝机床更适用于高精度模具制造。（　　）

5. 线切割机床通常分为两大类:一类是快走丝机床;另一类是慢走丝机床。（　　）

6. 在电火花线切割加工过程中,可以不使用工作液。（　　）

7. 线切割加工中工件几乎不受力,所以加工中工件不需要夹紧。（　　）

8. 线切割加工中应用较普遍的工作液是乳化液,其成分和磨床使用的乳化液成分相同。（　　）

9. 电火花线切割在加工厚度较大的工件时,脉冲宽度应选择较小值。（　　）

10. 电火花线切割加工可以实现高精度的小孔加工。

( )

四、简答题

1. 什么是特种加工？包括哪些加工方法？

2. 根据图 9-1 示意图简述电火花线切割加工的基本原理。

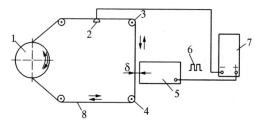

1—储丝筒；2—进电块；3—上导轮；4—下导轮；
5—工件；6—电脉冲；7—脉冲电源；8—电极丝

图 9-1 电火花线切割原理示意图

3. 简述电火花线切割机床的主要结构。

★4. 绘出你设计的线切割零件图形,并简述加工过程。

★ 实训十　3D 打印实训

【实训目的与要求】

1. 了解快速成型技术及 3D 打印原理,了解其应用领域。

2. 了解 FDM 工艺桌面级 3D 打印机的成型原理。

3. 了解片层数据处理的过程。

4. 掌握三维建模软件 SolidWorks 设计和建立三维模型的方法。

5. 掌握切片软件 MakerBot、Qidi Print 的基本操作方法。

6. 掌握桌面级 3D 打印机的操作方法和 3D 打印模型后处理的基本方法。

7. 运用三维建模软件设计出三维模型。

8. 运用桌面级 3D 打印机加工出实物,并进行相应的后处理。

【实训设备、工具和材料】

序号	设备、工具和材料	序号	设备、工具和材料
1	FDM桌面级3D打印机	6	尖嘴钳
2	安装有三维建模软件和切片软件的计算机	7	毛刷
3	PLA料卷	8	废料盒
4	起模专用铲	9	固体胶
5	成型锉刀	10	U盘

【重点和难点】

重点：

1．根据3D打印机的加工范围，学习使用SolidWorks三维建模软件，设计并建立三维模型，生成*.stl文件。

2．使用切片软件进行参数设置和位置调整，将*.stl文件转换成3D打印机的工作代码。

3．掌握3D打印机的上料和卸料的方法、打印平台的加热方法及调平方法。

4．运用桌面级3D打印机加工出实物，并进行相应的后处理。

难点：

1．复杂三维模型的设计、建立和尺寸大小的把握。

2．使用切片软件时，合理选择成型方向，正确判断是否需要添加支撑和基板。

3. 打印机喷头和打印平台之间的间距关系到打印精度和质量,需通过调平达到最佳,如何调平需合理把握。

4. 对于加工过程中出现的状况需及时解决,如:断料、翘曲形变、错层等,必要时需及时中断打印。

5. 加工后处理时支撑材料和基板的去除。

6. 正确卸料,以避免卸料时断料在喷头中。

【实训报告】

一、填空题

1. 快速成型主要的成型工艺有四种:_____、_____、_____和_____。

2. 世界上最早出现的3D打印成型工艺是_____。

3. 四种主要的快速成型工艺中不需要激光系统的是_____。

4. 请列出用于FDM工艺的3种3D打印材料_____、_____、_____。

5. 不同型号的喷嘴,打印参数设定不一样,需要和喷头上喷嘴的_____一致。

6. FDM中要将材料加热到其熔点以上,加热的设备主要是_____。

7. 材料是FDM工艺的基础，FDM工艺中使用的材料分为_____和_____。

8. FDM工艺对成型材料的要求是_____、_____、_____、_____。

二、选择题

1. 在本实训教学中，所使用的3D打印机属于(　　)成型工艺。

   A. SLA　　　　　　B. FDM

   C. LOM　　　　　　D. DMLS

2. (　　)成型工艺，需要用到光敏树脂液体材料。

   A. SLA　　　　　　B. FDM

   C. LOM　　　　　　D. DMLS

3. FDM设备制件容易使底部产生翘曲形变的原因是(　　)。

   A. 打印速度过快

   B. 设备没有成型空间的温度保护系统

   C. 底板没有加热

   D. 分层厚度不合理

4. 下列不属于快速成型技术特点的是(　　)。

   A. 可加工复杂零件

   B. 周期短，成本低

   C. 实现一体化制造

   D. 限于塑料材料

5. 以下不属于 DLP 3D 打印工艺设备光源的是（　　）。
   A. 卤素灯泡　　　　　B. LED 光源
   C. 紫外光源　　　　　D. 激光
6. 下列产品仅使用 3D 打印技术无法制作完成的是（　　）。
   A. 首饰　　　　　　　B. 手机
   C. 服装　　　　　　　D. 义齿
7. 下列 3D 打印工艺中基于喷射成型的是（　　）。
   A. 3DP　　　　　　　B. SLM
   C. SLS　　　　　　　D. SLM
8. 逆向工程与快速成型技术集成的数据交换格式一般为（　　）。
   A. DXF　　　　　　　B. IGES
   C. DWG　　　　　　 D. STL

三、判断题

1. FDM 工艺采用热塑性材料，如：ABS、蜡、尼龙等。
   （　　）
2. FDM 工艺的加工温度根据所用丝材的不同而有所不同，一般为 80~250 ℃。　　　　　　　　　（　　）
3. 3D 打印机可以自由移动，并制造出比自身体积还要庞大的物品。　　　　　　　　　　　　　（　　）
4. 快速成型技术制造的零件的表面质量超过了传统的

加工方法。　　　　　　　　　　　　（　　）
5. LCD 精度和 DLP 精度是一样的。　　　（　　）
6. 快速成型技术是 20 世纪 80 年代最早在英国发展起来的一种新的工艺形式。　　　　　　　（　　）
7. 按现代成型技术的观点,快速成型的成型方式属于去除成型。　　　　　　　　　　　　（　　）
8. SLS 工艺中,所用的原材料的状态为液态。（　　）
9. 熔融沉积制造工艺中 ABS 的加工温度高于 PLA 的加工温度。　　　　　　　　　　　　　（　　）
10. 三维模型设计中,应尽量避免悬空,若无法避免,选择添加辅助支撑。　　　　　　　　　（　　）

四、简答题

1. 简述熔融沉积制造工艺的基本原理。

2. 简述熔融沉积制造工艺的优点和缺点。

3. 快速成型的软件系统一般由哪三部分组成,分别有什么作用?

4. 设计一个3D打印项目：
   (1) 请写出项目名称、简要介绍、设计草图和基本尺寸。

   (2) 结合所用切片软件写出基本参数设计。
      切片软件：
      层高(mm)：
      外壳数：
      填充密度(%)：
      打印速度(mm/s)：
      打印温度(℃)：
      支撑：是/否
      基板：是/否

（3）结合项目过程，写出对 3D 打印技术的思考和体会。

★ 实训十一　激光加工实训

【实训目的与要求】

1. 了解激光加工的原理与特点。
2. 掌握加工用激光器的种类和应用要点。
3. 掌握激光雕刻机和激光切割机的基本操作步骤。
4. 掌握激光加工典型零件的加工工艺流程。

【实训设备、工具和材料】

序号	设备、工具和材料	序号	设备、工具和材料
1	光纤激光雕刻机	6	螺丝刀
2	激光切割机	7	扳手
3	夹具	8	防护眼镜
4	游标卡尺	9	手套
5	装有 EzCad 软件的计算机	10	酒精、棉片

【重点和难点】

重点：

1. 深入理解激光加工的基本原理，了解不同类型的激光加工方法,如激光切割、激光雕刻、激光打标和激光焊接等。

2. 学会使用计算机辅助软件编制零件加工图形,并合理设计加工工艺流程。

难点:

1. 学会根据不同材料的物理和化学性质调整加工参数,以达到最佳加工效果。

2. 掌握如何调节激光束的焦点位置和功率密度,以保证加工质量。

3. 掌握激光加工设备的各项功能和操作界面。

【实训报告】

一、填空题

1. 激光从一种介质传播到折射率不同的另一种介质时,在介质之间的界面上将出现_____与_____现象。

2. 光纤激光雕刻机可以加工的材料有_____、_____、_____等。

3. 光纤激光雕刻机的核心组件包括_____、_____、_____、_____以及_____。

4. 在激光雕刻过程中,材料表面的去除主要是通过_____或_____实现的。

5. 激光加工时激光焦点的位置对于孔的形状和深度都有很大影响，一般激光的实焦点在_____或_____为宜。

6. 对于加工金属材料来说，激光波长要依_____而定。

7. 激光切割机主要由_____、_____、_____、_____和_____等组成。

8. 常见的激光器有_____、_____、_____以及_____等。

9. 激光加工中打标软件可直接调入的图形格式有_____、_____、_____等。

10. 实训所使用的光纤激光雕刻机型号_____。

二、选择题

1. 激光加工中，激光器发出的光属于(　　)。
   A. 红外线　　　　B. 可见光
   C. 紫外线　　　　D. X射线

2. 激光雕刻机的振镜系统主要用于(　　)。
   A. 调整激光功率
   B. 改变激光光束的方向
   C. 控制激光的聚焦点
   D. 清洁激光光路

3. 激光雕刻时,材料的热影响区(HAZ)是指(   )。
   A. 激光直接作用的区域
   B. 材料完全熔化的区域
   C. 受热但未熔化,可能改变物理性能的区域
   D. 无热影响的区域
4. 激光打标的温度在(   )。
   A. 熔点以下　　　　　B. 气化点以下
   C. 气化点以上　　　　D. 熔点以上
5. 在激光雕刻中,影响雕刻深度的关键因素是(   )。
   A. 激光功率　　　　　B. 雕刻速度
   C. 激光波长　　　　　D. 以上都是
6. 在激光雕刻金属材料时,下列因素中不是主要考虑因素的是(   )。
   A. 材料的硬度　　　　B. 材料的反射率
   C. 激光的波长　　　　D. 材料的颜色
7. 激光雕刻中,下列材料中可能需要使用辅助气体的是(   )。
   A. 纸张　　　　　　　B. 木材
   C. 皮革　　　　　　　D. 金属
8. 激光雕刻过程中,可减少材料边缘的烧蚀的是(   )。
   A. 适当降低激光功率
   B. 加快雕刻速度
   C. 使用更短的激光脉冲
   D. 以上都是

9. 激光切割机数控系统的主要功能是(　　)。
   A. 控制激光器的开关
   B. 控制激光光束的频率
   C. 控制切割头的移动和激光参数
   D. 监测切割过程中的温度
10. 激光加工有关的危害有(　　)。
    A. 对眼睛的危害　　B. 对皮肤的危害
    C. 辐射危害　　　　D. 以上都是

三、判断题

1. 激光加工的所有设备发出的激光都属于四类激光。(　　)
2. 不可以改变激光的方向,只能直射。(　　)
3. 固体激光器只能加工金属材料,气体激光器则只能加工非金属材料。(　　)
4. 焦平面在工件上方为正离焦,焦平面在工件下方为负离焦。(　　)
5. 激光加工设备在加工过程中,操作人员严禁离开现场,以避免发生火灾。(　　)
6. 激光切割无须考虑材料的硬度。(　　)
7. 激光加工是把激光作为热源,对材料进行热加工。(　　)
8. 激光对物体的作用主要表现在物体对激光的反射。(　　)

9. 我国发明的首台激光器是红宝石激光器。　（　　）

10. 激光标记的加工方式是接触加工。　　　（　　）

四、简答题

1. 简述激光加工的特点。

2. 简述激光雕刻机的加工步骤。

3. 根据图 11-1 所示简述激光加工的原理。

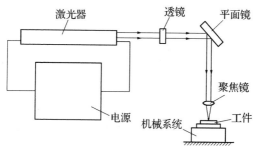

图 11-1 激光加工原理示意图

参考文献

[1] 杨家富,陈美宏.工程训练[M].2版.南京:东南大学出版社,2022.

[2] 华晋.工程训练教学指导书[M].杭州:浙江大学出版社,2014.

[3] 杨琦,汪永明.工程认知训练[M].北京:机械工业出版社,2023.

[4] 曲晓海,杨洋.工程训练[M].北京:高等教育出版社,2020.

[5] 朱仁盛.机械拆装工艺与技术训练[M].北京:电子工业出版社,2009.

[6] 曾家刚.工程训练教程[M].成都:西南交通大学出版社,2020.

[7] 曲晓海,李晓春.工程训练实训指导[M].北京:机械工业出版社,2020.

[8] 闫占辉.工程训练报告[M].北京:机械工业出版社,2021.

[9] 黄如林.金工实习[M].南京:东南大学出版社,2016.